Milen Vasilev

Simuladores FESTO marítimos

Milen Vasilev

Simuladores FESTO marítimos

ScienciaScripts

Imprint
Any brand names and product names mentioned in this book are subject to trademark, brand or patent protection and are trademarks or registered trademarks of their respective holders. The use of brand names, product names, common names, trade names, product descriptions etc. even without a particular marking in this work is in no way to be construed to mean that such names may be regarded as unrestricted in respect of trademark and brand protection legislation and could thus be used by anyone.

Cover image: www.ingimage.com

This book is a translation from the original published under ISBN 978-3-659-84726-4.

Publisher:
Sciencia Scripts
is a trademark of
Dodo Books Indian Ocean Ltd. and OmniScriptum S.R.L publishing group

120 High Road, East Finchley, London, N2 9ED, United Kingdom
Str. Armeneasca 28/1, office 1, Chisinau MD-2012, Republic of Moldova, Europe
Printed at: see last page
ISBN: 978-620-8-30090-6

ÍNDICE DE CONTEÚDOS

RESUMO

Atualmente, os simuladores técnicos são uma parte importante do ensino moderno da engenharia. Estes simuladores são capazes de formar os alunos nas salas de aula e criar cenários realistas. O simulador didático FESTO baseia-se na lógica pneumática combinada com programas flexíveis escritos para tarefas concretas com controladores lógicos programáveis. Através de diferentes unidades pneumáticas podemos adaptar muitas válvulas, cilindros e actuadores eléctricos de técnicas reais. O objetivo principal aqui é a visualização e a interpretação criativa de algoritmos de trabalho complicados de sistemas e dispositivos marítimos auto-controlados. Desta forma, os formandos participam em todas as fases do projeto - determinação da lógica de funcionamento; gestão do código fonte do programa; escolha das unidades didácticas adequadas para a interpretação do esquema. Finalmente, os formandos montam e ligam os elementos na prática, testam todos os movimentos e a sincronização. Se algo estiver mal ligado ou situado, é uma boa oportunidade para a resolução de problemas básicos. O problema deve ser resolvido após uma análise passo a passo.

Todas as actividades acima mencionadas são muito úteis para compreender bem e resolver problemas de sistemas e dispositivos automáticos marítimos.

Gostaria de expressar a minha gratidão aos colegas que estiveram envolvidos nestes projectos, pois tratou-se de um trabalho de equipa.

Todas as observações ou recomendações serão apreciadas e o feedback será estabelecido.

Autor Asoc.prof.Milen Vasilev, phD Academia Naval N.Vaptsarov, Varna, Bulgária E-mail:m.vasilev@nvna.eu; milenvas2003@yahoo.com

ABREVIATURAS

HFO - fuelóleo pesado
PLC - controlador lógico programável
MM - Multi-Monitor
RPM- rotações por minuto

SIMULADOR de caldeira de vapor marítimo.

Capítulo 1

Determinação do algoritmo de funcionamento da caldeira marítima do tipo "KangRim

1. Modo de funcionamento da caldeira "KangRim

A bomba de água de alimentação aspira a água de alimentação do depósito de água e transfere-a para a caldeira. A seguir à bomba de alimentação, há uma bomba de tratamento químico e uma válvula pneumática. Esta válvula é controlada por dois sensores de nível. O nível da água é também gerido por um interrutor de pressão diferencial.

Se a caldeira de exaustão estiver em funcionamento, o vapor produzido passa pela válvula de vapor da caldeira principal e alimenta o sistema de vapor. Em caso de sobreprodução de vapor, a válvula de descarga de vapor diminui a pressão descarregando o vapor no condensador onde o vapor é transformado em água. A bomba de circulação carrega a água para a caldeira de gases de escape. A caldeira está equipada com válvulas para recolha de amostras de água. O detetor de óleo e o salinómetro servem para controlar a qualidade da água. Ambas as caldeiras de exaustão e principal estão equipadas com válvulas de descarga de água para cima e para baixo.

A composição da caldeira está organizada com queimadores piloto e principais que funcionam com gasóleo ou HFO (o principal). A fornalha é ventilada por um ventilador centrífugo. A sequência temporal de todos os processos é gerida pelo controlador.

O sistema de caldeira contém também funções de emergência em caso de níveis de água baixos, falta de chama, pressão de vapor elevada, etc.

O nosso trabalho centrar-se-á na caldeira principal e no seu modo de automatização. O objetivo principal é compor o algoritmo de trabalho e realizá-lo com o equipamento de treino FESTO.

O sinal do pressóstato inicia o queimador piloto depois de a pressão de vapor descer e o programa "Burner switch on" ser acionado.

- Quando o queimador arranca, a bomba de alimentação de combustível e o ventilador são ligados. Ao mesmo tempo, a tampa de ar abre-se e inicia a purga da fornalha durante 60 segundos. O processo de descarga é muito importante para o funcionamento seguro da caldeira.

2. Algoritmo de funcionamento

O diagrama de blocos (ver abaixo) mostra o algoritmo da caldeira "KangRim". Apresenta o funcionamento automático do HFO.

- Quando a descarga termina, o queimador piloto é ativado durante 10 segundos. A tampa de ar fecha o ar, as válvulas de combustível abrem-se e alimentam os dois queimadores, as células fotoeléctricas verificam se a chama é apresentada.

- após 10 seg. o queimador piloto pára e se a chama for apresentada pelo queimador principal o programa mantém as válvulas de combustível abertas.

- Agora está activada a função "O programa está ligado" e prossegue o funcionamento do queimador principal. Dependendo do modo "HIGH/LOW", existem duas possibilidades. Quando o modo HIGH é ativado, ambos os queimadores principal e piloto estão "ON" para atingir mais rapidamente a pressão predefinida. Com o modo LOW funciona apenas o queimador principal. Quando o ponto de regulação é atingido, as válvulas de combustível fecham a alimentação e os queimadores estão "OFF".

- parar a combustão (queimadores "OFF").

A purga do forno inicia-se durante 60 seg. e a caldeira está pronta para o ciclo seguinte.

-Quando a caldeira está à espera de um novo ciclo de combustão, o aquecedor de combustível e a bomba de combustível mantêm a temperatura do combustível por relé temporal.

Se 10 seg. após o arranque do queimador a chama não for detectada, o combustível deve ser parado e uma indicação LED será activada. Os alarmes "Flame missing" (Falta de chama) e "Ignition fail" (Falha de ignição) serão apresentados em combinação com um sinal sonoro. A ventoinha do forno funciona durante 60 segundos e, após a reposição do alarme, é possível um novo arranque.

Fig.1 DIAGRAMA DE BLOCO (ALGORITMO)

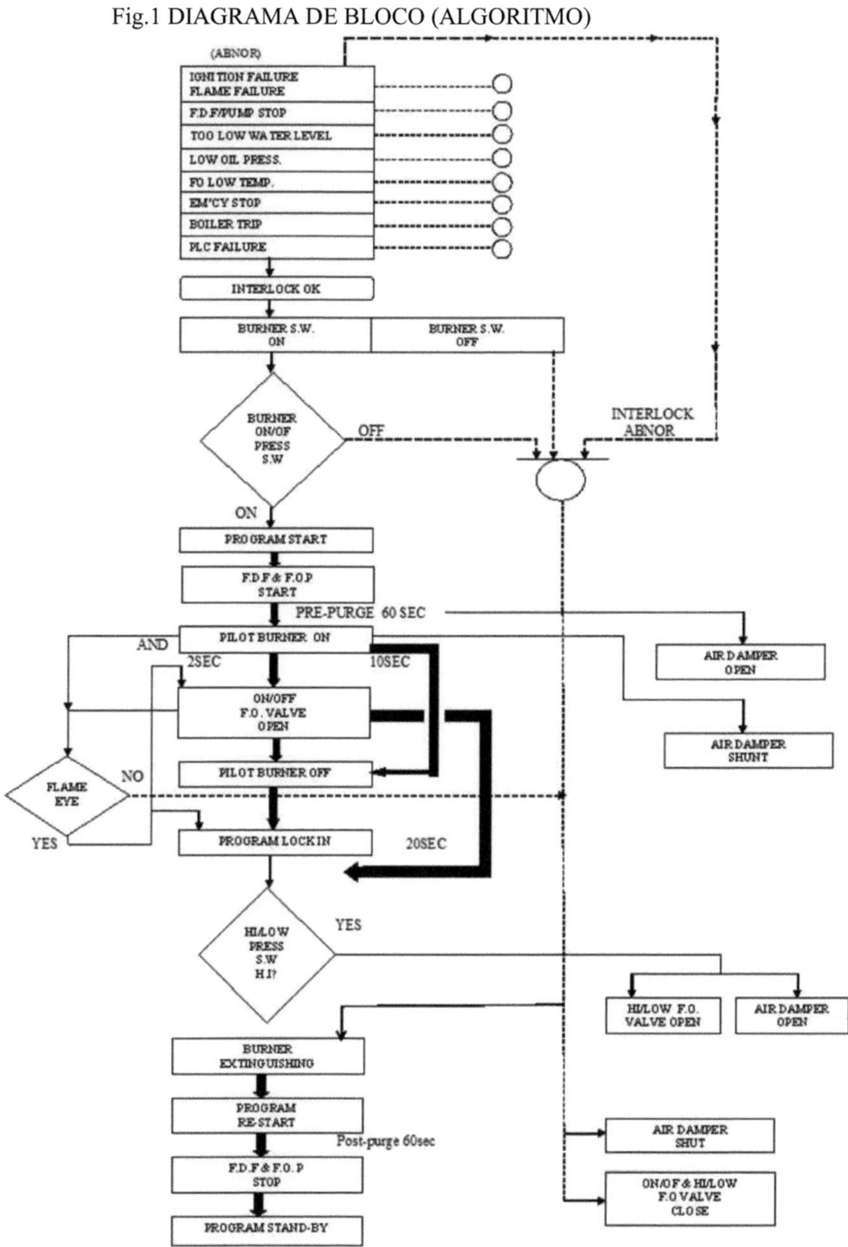

Elaboração do código-fonte de simulação do controlador FESTO

1. Operandos em FST.

O FST é o software da FESTO para a realização, teste e transferência de programas para o controlo PLC da FESTO.

Existem três formas de escrever o código: Statement List, Ladder Diagram, Basic.

Para a tarefa atual de simulação da caldeira "KangRim", vamos utilizar dois controladores do tipo Festo FEC-FC34, uma vez que o programa está em Statement List.

Com a lista de instruções, o programa consiste em comandos lógicos em série escritos numa ou em várias etapas separadas.

Os passos apresentam uma ou várias frases com partes condicionais e executivas. Cada programa pode ter até 255 passos. A utilização dos passos não é obrigatória, mas permite combinações muito amplas entre passos.

Com o código STL, a execução da etapa só começa depois de o comando THEN ou OTHRW ser executado na etapa anterior.

- IF - apresenta sempre a parte da condição. Depois de IF segue-se a parte executiva.

```
IFI1          .0
              E N I1.1
```

- ENTÃO - apresenta a execução. A parte será executada se a condição for verdadeira. Pode consistir em comandos para troca de saídas, ativação de temporizadores ou contadores ou arranque de subprogramas.

```
ENTÃO CARREGAR V100
              PARA TP7
```

- OTHRW - apresenta uma parte executiva alternativa. Será executada se a parte da condição não for verdadeira e, por conseguinte, a parte executiva não puder ser concluída.

```
ENTÃO DEFINIR O1.0
          OUTROS REINICIAR O1.0
```

Principais comandos da parte condicional:

- AND - ligação lógica de algumas condições de entrada. A frase será executada se todas as condições forem VERDADEIRAS.

```
IFI1          .0
      ANDI1         .1
      ENTÃO DEFINIR O1.0
```

OTHRW SET O1.7

OU - para algumas condições, se uma delas for VERDADEIRA, a frase será executado.

IF I1.0

OU I1.1

OU I1.7

ENTÃO DEFINIR O1.0

OTHRW SET O1.7

- EXOR - para criar uma frase com duas condições de entrada, a frase será executada se uma das condições for VERDADEIRA.

IF I1.0

EXOR I1.1

ENTÃO DEFINIR O1.0

OTHRW SET O1.7

- NOP - o comando será executado se todas as condições não forem VERDADEIRAS.

IF NOP

ENTÃO DEFINIR F1.0

- N - inverte a entrada, o que significa que se O0.1 não estiver ativo, o será executado.

IF N O1.0

THEN JMP TO Setup

Principais comandos da parte executiva:

- SET - comutar a entrada para a lógica um .
- RESET - a ação inversa de SET. Desactiva os comandos de um bit.
- LOAD - o valor carregado será carregado num comando multi-bit. Segue-se por "TO" e indica o local onde deve ser cobrado.

ENTÃO CARREGAR V500

PARA TP31

- JMP TO - comando para saltar para o passo dado.

Marca STEP

IF I1.0

ENTÃO CONJUNTO O0

JMP TO Início

INÍCIO DO PASSO

Funções de cálculo:

- INC - aumenta o valor com um de cada comando multi-bit. Funciona normalmente com um contador.

IF I1.3

ENTÃO INC R9

DEC - é reversível de INC

2. Dados informativos do PLC FEC FC34

2.1Descrição do FEC FC34

Este módulo tem as seguintes caraterísticas:

-12 entradas, 6 saídas (2 relés, 8 transístores) 24V DC

-processador 80186

-memória principal -512kByte

-memória de programa -512kByte

-interface RS232C via SM14/-15

-Consumo de energia típico2,5W com 24V máx. 180mA

-meios operacionais FESTO FST,Multiprog.

2.1.1 Entradas do PLC FEC FC34(Fig.2)

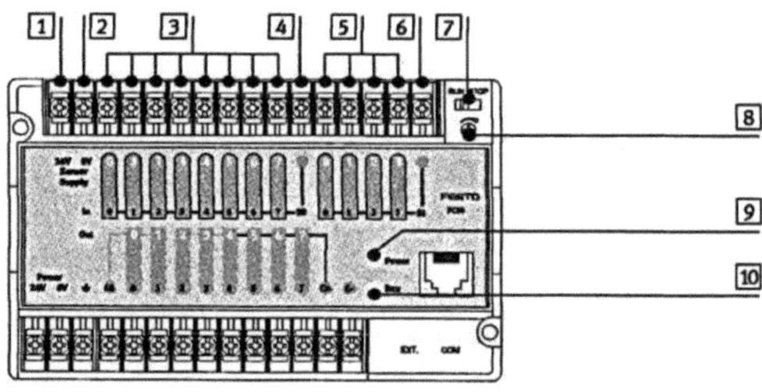

1 Sensor supply 24 V DC

2 Sensor supply 0 V

3 Input In 0.0 to In 0.7

4 Common potential S0 for In 0.0 to In 0.7

5 Input In 1.0 to In 1.3

6 Common potential S1 for In 1.0 ... In 1.3

7 RUN/STOP switch

8 Analogue potentiometer (trimmer)

9 Power LED (voltage supply, operating voltage)

10 Status LED (Run/Stop/Error)

2.1.2 Saídas do PLC FEC FC34(Fig.3)

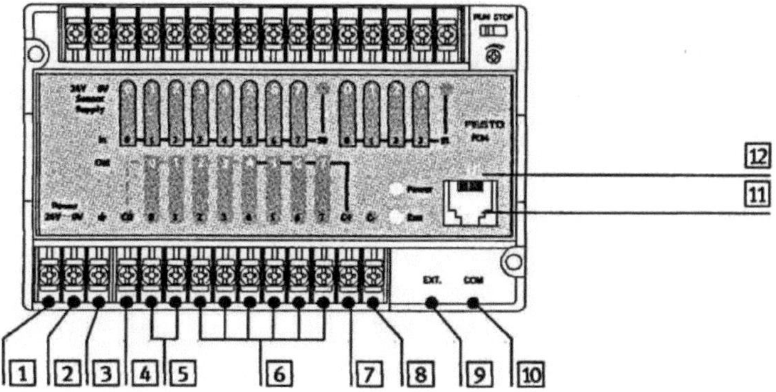

1 Operating voltage 24 V DC

2 Operating voltage 0 V

3 Operational earthing

4 Common connection C0 for Out 0.0 to Out 0.1

5 Relay outputs Out 0.0 to Out 0.1

6 Transistor outputs Out 0.2 to Out 0.7

7 Output supply C+ (nominal 24 V DC); for Out 0.2 to Out 0.7 and for the actuation of relay coils

8 Output supply C-

9 Connection for extension (EXT)

10 Serial interface (COM)

11 Network interface 10Base T

12 Link/Traffic LED for network activity

2.2 Esquema de ligação do simulador Festo:

1 - compressor de ar.

2 - receptores de ar.

3 - filtro de ar com purga manual.

4 - válvula de redução.

5 - manómetro.

Distribuidor 6,8,10,12- 3/2 com acionamento elétrico e retorno por mola.

7,9,11,13 - cilindro pneumático de ação simples.

Distribuidor 14,16 -5/2 com acionamento elétrico e botões de pressão manuais.

17 -3/2 distribuidor de acionamento pneumático com retardamento de tempo.

15,18 - cilindro pneumático de duplo efeito.

19 - indica um nível de água baixo de emergência.

20 - A lâmpada indica a ausência de fogo.

21 - indica um nível de água demasiado elevado.

22 - indica uma temperatura baixa do combustível.

23 - indica uma pressão de vapor elevada de emergência.
24 - A lâmpada indica trabalho na bomba de circulação.
25 - indica uma pressão de vapor demasiado baixa.
26 - indica uma temperatura do combustível demasiado elevada.
27 - interrutor de limite da alta pressão de vapor de emergência.
28 - interrutor de fim de curso de alta pressão de vapor.
29 - interrutor de limite de baixa pressão de vapor.
30 - interrutor de limite de pressão de vapor demasiado baixa.
31 - interrutor de limite de um nível de água demasiado elevado.
32 - interrutor de limite de um nível de água demasiado elevado.
33 - interrutor de limite de nível de água baixo.
34 - interrutor de limite do nível de água baixo de emergência.
35 - controlador lógico programável principal.
36 - controlador lógico programável auxiliar.
37 - botão de paragem de emergência
38 - botão de arranque
39 - botão de paragem
40 - botão para simulação de alta temperatura da caixa de purga.
41 - botão para simular a falta de fogo.
42 -Botão para reiniciar o alarme.
43 - botão para simulação de alta salinidade.
44 - para a simulação de temperaturas elevadas do combustível.
45 - para simular a baixa temperatura do combustível.

ESQUEMA PRINCIPAL DO SIMULADOR

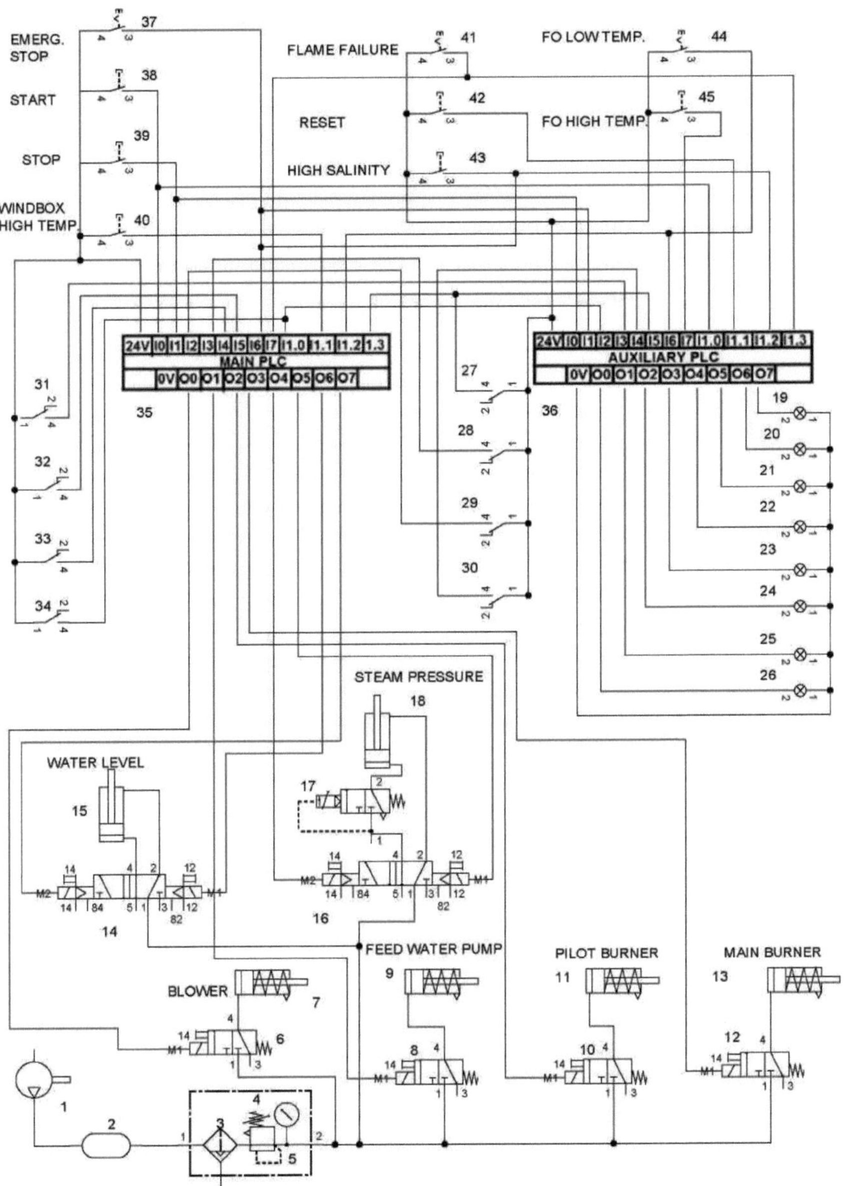

Fig.4

3 Programas e subprogramas do simulador de caldeiras

3.1 Código fonte do PLC principal.

O código apresentava o funcionamento da caldeira com os modos de arranque, paragem e emergência,

gestão da pressão de vapor e do nível de água t.

Ligação da entrada/saída do PLC :

O0.0	Ventilador	Arranque do ventilador
O0.1	bomba de alimentação	bomba de alimentação
O0.2	Plt_brn	ligar o queimador piloto
O0.3	principal_br	ligar o queimador principal
O0.4	st_up	o vapor está a subir
O0.5	st_down	o vapor está a baixar
O0.6	baixo_wat	nível de água baixo
O0.7	oi_wat	nível de água elevado
I0.0	b_au_st	arranque automático
I0.1	b_au_stop	paragem automática
I0.2	lo_stm	baixa pressão de vapor
I0.3	oi_stm	alta pressão de vapor
I0.4	lo_wat_le	nível de água baixo
I0.5	oi_wat_le	nível de água elevado
I0.6	emerg_st	botão de paragem de emergência
I0.7	chama_fai	falha de chama
I1.0	t_l_w_l	nível de água demasiado baixo
I1.1	wb_h_t	caixa de vento temp. alta
I1.2	FO_l_temp	FO temperatura baixa
I1.3	to_h_st_p	pressão de vapor demasiado elevada
P0	programa0	iniciar/em'cy/parar
P1	programa1	início automático do programa (1)
P2	programa2	início (2)
P3	programa3	encerramento (3)
P4	programa4	paragem de emergência
P5	programa5	falha de chama
P6	programa6	pressão de vapor demasiado elevada
P7	programa7	nível de água demasiado baixo
P8	programa8	caixa de vento temp. alta
P9	programa9	FO baixa temperatura.

T1	temporizad	entrada	para
T2	temporizad	entrada	para
T3	temporizad	entrada	para
T4	temporizad	entrada	para

Programa0-P0-START, Paragem de emergência e STOP

Início do passo

IF	b_au_st	'arranque automático
ENTÃO	P1	arranque automático do
IF	emerg_st	"botão de paragem de emergência
ENTÃO	P4	"paragem de emergência
IF	b_au_stop	"paragem automática
ENTÃO	P3	"encerramento (3)
IF	chama_fai	"falha de chama
ENTÃO	P5	"falha de chama
IF	t_l_w_l	"nível de água demasiado baixo
ENTÃO	P7	"nível de água demasiado baixo
IF	FO_l_temp	'FO baixa temperatura
ENTÃO	P9	'FO baixa temperatura.
IF	to_h_st_p	'pressão de vapor demasiado elevada
ENTÃO	P6	'pressão de vapor demasiado
IF	wb_h_t	'windbox high temp.
ENTÃO	P8	'windbox high temp.

IFNOP

ENTÃO JMP TO start

Programa1-P1 Programa de arranque automático

PASSO PASSO

IFNOP

THEN SET Blower 'Arranque do ventilador

PASSO Plt_burne

IFBlower 'Arranque do ventilador

THEN SET T1 'entrada para temporizador ligado

COM 8s

PASSO

IF T1 'entrada para temporizador

AND N main_brn "arranca o queimador principal

ENTÃO CONJUNTO Plt_brn "ligar o queimador piloto

CONJUNTO T2 'entrada para temporizador ligado

COM 4s

PASSO

IF T2 'entrada para temporizador ligado

N

ENTÃO CONJUNTO main_brn "arranca o queimador principal

CONJUNTO T4 'entrada para temporizador ligado

COM 10s

PASSO

IF T4 'entrada para temporizador ligado

N

THEN RESET Plt_brn 'ligar o queimador piloto

PASSO

IF NOP

ENTÃO CONJUNTO P2 'start (2)

Programa2-P2 INÍCIO

Início do passo

IF main_brn "arranca o queimador principal

ENTÃO CONJUNTO st_up 'steam está a subir

IF hi_stm 'pressão de vapor elevada

ENTÃO CONJUNTO st_down 'o vapor está a baixar

REINICIAR st_up 'steam está a subir

CONJUNTO Encerramento do P3 (3)

IF lo_stm "baixa pressão de vapor

THEN RESET st_down 'o vapor está a baixar

CONJUNTO P1 'início automático do programa (1)

IF lowatle "nível de água baixo

THEN SET feed_pump 'bomba de alimentação

SET hi_wat 'nível de água elevado

RESET baixo nível de água 'baixo nível de água

SE hi_wat_le "nível de água elevado

THEN RESET feed_pump "bomba de alimentação

SET low_wat 'nível de água baixo

REINICIAR hi_wat 'nível de água elevado

SE emerg_st 'botão de paragem de emergência

ENTÃO DEFINIR P4 'paragem de emergência

IFNOP

ENTÃO JMP TO start

Programa3-P3 STOP

Paragem STEP

IF NOP

ENTÃO CONJUNTO T3 'entrada para temporizador ligado
COM 3s

PASSO

IFN T3 'entrada para

THEN RESET main_brn "iniciar o queimador principal

REINICIAR Plt_brn ligar o queimador piloto

REINICIAR st_up 'o vapor está a subir

CONJUNTO st_down O vapor está a baixar

REINICIAR P1 arranque automático do programa (1)

PASSO

IF NOP

ENTÃO CONJUNTO T3 'entrada para temporizador ligado

COM 10s

PASSO

IF N T3 "entrada para temporizador ligado

THEN RESET Blower 'Arranque do ventilador

Programa4-P4 Paragem de emergência

Paragem STEP

IF NOP

ENTÃO REINICIAR main_brn "arrancar o queimador principal

REINICIAR Plt_brn ligar o queimador piloto

REINICIAR feed_pump "bomba de alimentação

REINICIAR st_up 'o vapor está a subir

REINICIAR st_down O vapor está a baixar

REINICIAR baixo_wat "nível de água baixo

REINICIAR oi_wat "nível de água elevado

REINICIAR P1 arranque automático do programa (1)

REINICIAR P2 Início (2)

CONJUNTO T1 'entrada para temporizador ligado

COM 10s

IF N T1 'entrada para temporizador ligado

THEN RESET Blower 'Arranque do ventilador

Programa5-P5 Falta a chama

Paragem STEP

IFNOP

THEN RESET main_brn "iniciar o queimador principal

RESET Plt_brn 'iniciar o queimador piloto

RESET st_up 'steam está a subir

SET st_down 'steam está a baixar

PASSO

IFNOP

ENTÃO CONJUNTO T3 'entrada para temporizador ligado

COM 16s

PASSO

IF N T3 "entrada para temporizador ligado

THEN RESET Blower 'Arranque do ventilador

Programa6-P6-Pressão do vapor - demasiado elevada

PASSO

IF NOP

ENTÃO REINICIAR main_brn "arrancar o queimador principal

REINICIAR Plt_brn 'iniciar o queimador piloto

REINICIAR st_up 'steam está a subir

REINICIAR st_down 'steam está a baixar

SETT2 'entrada para temporizador ligado

COM10s

IFN T2 'entrada para temporizador ligado

THEN RESETBlower 'Arranque do ventilador

Programa7-P7 Nível da água - baixo

PASSO

IFNOP

ENTÃO main_brn "arranca o queimador principal

REINICIAR

REINICIAR Plt_brn ligar o queimador piloto

REINICIAR st_up 'o vapor está a subir

REINICIAR st_down O vapor está a baixar

REINICIAR P1 arranque automático do programa (1)

REINICIAR P2 Início (2)

PASSO

IFNOP

ENTÃO CONJUNTO T3 'entrada para temporizador ligado

COM 10s

PASSO

IF N T3 "entrada para temporizador ligado

THEN RESET Blower 'Arranque do ventilador

SET P1 "início automático do programa (1)

Programa8-P8-Alta temperatura do ar de carga

PASSO

IFNOP

ENTÃO REINICIAR main_brn "arrancar o queimador principal

REINICIAR Plt_brn ligar o queimador piloto

REINICIAR st_up 'o vapor está a subir

CONJUNTO st_down O vapor está a baixar

REINICIAR P1 arranque automático do programa (1)

REINICIAR P2 Início (2)

PASSO

IF NOP

ENTÃO CONJUNTO T3 'entrada para temporizador ligado

COM 16s

PASSO

IFN T3 'entrada para temporizador ligado

THEN RESET Blower 'Arranque do ventilador

SET P1 "início automático do programa (1)

Programa9-P9-Temperatura baixa do óleo combustível

Paragem STEP

IFNOP

THEN SET T3 'entrada para temporizador ligado

COM 3 s

PASSO

IF N T5

ENTÃO brn "ligar o queimador principal

REINICIAR Plt_brn ligar o queimador piloto

REINICIAR st_up o vapor está a subir

REINICIAR st_down O vapor está a baixar

REINICIAR P1 arranque automático do programa (1)

REINICIAR P2 Início (2)

PASSO

IF NOP

ENTÃO 'entrada para temporizador

CONJUNTO T3 ligado

COM 10s

PASSO

IFN T3 'entrada para temporizador ligado

THEN RESET Blower 'Arranque do ventilador

SET P1 "início automático do programa (1)

3.2 Código fonte do controlador escravo

O0.0	i_t_l_w_l	ind. nível de água demasiado baixo
O0.1	ind_fl_fa	indicação de falha de chama
O0.2	in_t_h_w	indicação de nível de água demasiado elevado
O0.3	in_FO_l_t	indicação de baixa temperatura FO
O0.4	in_t_h_s	indicação de pressão de vapor demasiado elevada
O0.5	in_c_p_r	indicação de funcionamento da bomba de circulação
O0.6	in_l_st_p	indicação de pressão de vapor demasiado baixa
O0.7	in_FO_h	indicação de temperatura elevada de FO
I0.0	circ_p_s	paragem da bomba de circulação
I0.1	emerg_st	paragem de emergência

10.2 to_lo_w_l nível de água demasiado baixo nível de água demasiado alto

10.3 to_h_w_l pressão de vapor demasiado baixa pressão de vapor

10.4 to_l_st_p demasiado alta FO baixa temperatura FO alta temperatura

10.5 to_h_st_p alarme de reinicialização da bomba de circulação salinidade

10.6 FO_low_t elevada

10.7 FO_hi_t P0 principal

I1.0 Alarmes P1

ircuito bomba_de_c P2 emer_st

11.1 reset_al

11.2 alto_sali **Principal-P0**

falha de chama falha de chama

PASSO

SE emerg_st 'paragem de emergência

THEN RESET in_c_p_r "indicação de funcionamento da bomba de circulação

IFNOP

ENTÃO DEFINIR P1

Alarmes-Pl

Execução do passo

SE fl_fail 'falha de chama

THEN SET ind_fl_fa 'indicação de falha de chama

SE to_lo_w_l'nível de água demasiado baixo

THEN SET i_t_l_w_l 'nível de água demasiado baixo

SE to_h_w_l'nível de água demasiado elevado

THEN SET in_t_h_w 'indicação de nível de água demasiado elevado

IF FO_low_t "Temperatura baixa do FO

THEN SET in_FO_l_t 'indicação da temperatura baixa do FO

IF FO_hi_t "Temperatura elevada de FO

ENTÃO CONJUNTO in_FO_h 'indicação de temperatura FO elevada

IF to_l_st_p "pressão de vapor demasiado baixa

ENTÃO CONJUNTO in_l_st_p "indicação de pressão de vapor demasiado baixa

IF to_h_st_p 'pressão de vapor demasiado elevada

ENTÃO CONJUNTO in_t_h_s 'indicação de pressão de vapor demasiado elevada

SE reset_al 'repor alarme

THEN RESET in_FO_l_t 'indicação de baixa temperatura do FO

REINICIAR in_l_st_p 'indicação de pressão de vapor demasiado baixa

REINICIAR ind_fl_fa indicação de falha de chama

REINICIAR in_FO_h Indicação de temperatura elevada de FO.

REINICIAR i_t_l_w_l Nível de água demasiado baixo

REINICIAR in_t_h_w indicação de nível de água demasiado elevado

REINICIAR in_t_h_s 'indicação de pressão de vapor demasiado elevada

IF bomba_de_circuito "bomba de circulação

ENTÃO CONJUNTO in_c_p_r "indicação de funcionamento da bomba de circulação

SE circ_p_s ' paragem da bomba de circulação

ENTÃO REINICIAR in_c_p_r 'indicação de funcionamento da bomba de circulação

SE high_sali 'salinidade elevada

ENTÃO REINICIAR in_c_p_r 'indicação de funcionamento da bomba de circulação

IFNOP

ENTÃO JMP TO run

Paragem de emergência-P2

PASSO emer

IFNOP

THEN RESET in_c_p_r "indicação de funcionamento da bomba de circulação

Fiabilidade do simulador em relação ao sistema real. Recomendações para futuras actualizações.

1. Diferenças.

As principais diferenças residem nas funções do controlador. O controlador Festo tem apenas sinais discretos. Assim, os sensores de funcionamento e os relés também podem ser apenas discretos. Outro aspeto negativo é o número reduzido de entradas (12 entradas e 6 saídas) para este modelo.

Por conseguinte, não é possível simular as seguintes funções:

- indicações de alarme sonoro
- posição da tampa de ar do ar de carga
- válvula de controlo da água de alimentação
- gestão do vapor produzido em excesso
- controlo da contaminação por óleo da água de alimentação da caldeira.
- aquecimento a combustível.

2. Recomendações.

O desenho e as unidades podem ser actualizados da seguinte forma:

- A simulação da bomba de circulação por cilindro não é apenas uma indicação.
- Simulação de flap de ar por cilindro de ar com um atraso de tempo adequado.
- Ambos os autómatos, FEC FC34, devem ser ligados por um cabo LAN cruzado.

IMULATOR do Mitsubishi Selfjector.

Capítulo 2

Interpretação do sistema

1. Breve descrição do PLC utilizado

Continha um programa lógico para o trabalho automatizado do separador. O programa pode ser alterado pelo programador.

Os principais componentes do PLC são:

- Placa de processamento com sinais de E/S de/para dispositivos externos (sensores, válvulas magnéticas).
- Visualização de dados para aquisição de temporizadores, contadores e aparência de alarmes.
- Placa adicional para sinais de E/S de/para o PLC.

Sinais de entrada:

- Sinal de fuga de combustível.
- Sinal de falha de descarga.
- Sinal de contaminação de água no combustível limpo.

Os sinais de entrada do painel de controlo automático provêm de todos os botões situados no painel.

Sinais de saída:

- Descarga, entrada de óleo, etc.
- Sinais de abertura/fecho de válvulas EM.
- Lâmpadas ON/OFF .
- Paragem do motor, alarams, etc.

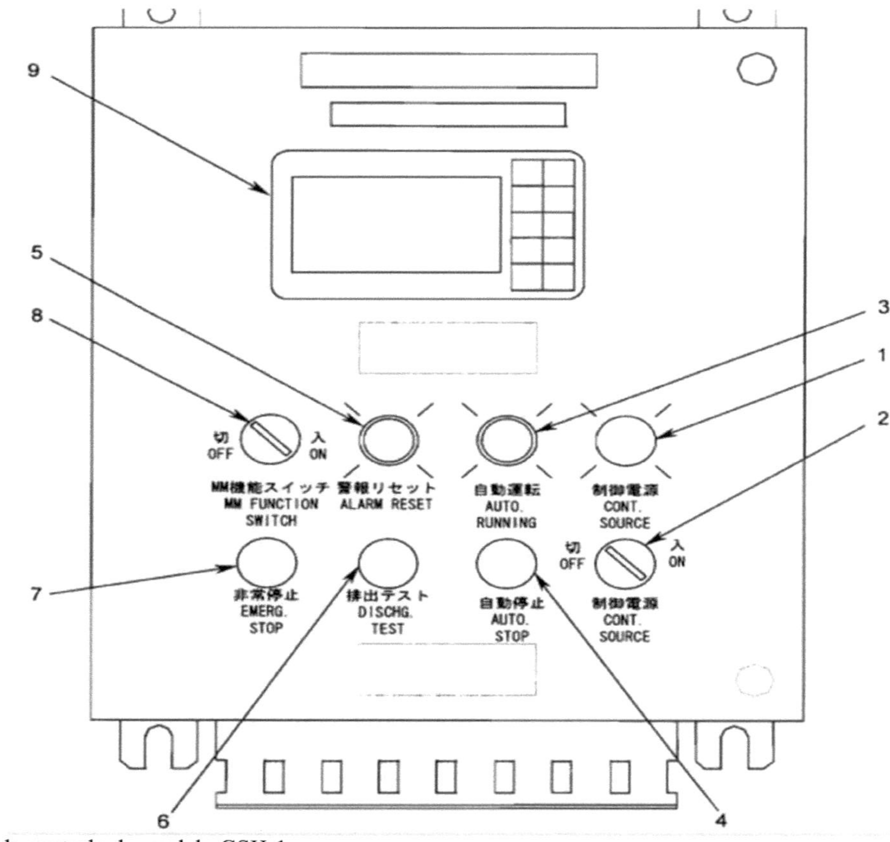

Fig.1 Painel de controlo do modelo GSH-1.

1 - Indicador luminoso de alimentação.

2- Interruptor de alimentação.

3- Botão de início do modo automático .

4- Botão de paragem automática. Parará após o procedimento de descarga completa.

5- Botão de reposição do alarme.

6- Botão de teste de descarga. No modo automático, o botão inicia a descarga total. Se o botão for premido 2 vezes em 5 segundos, será activada a descarga parcial. O modo automático continuará após ambas as descargas.

7- Botão de paragem de emergência . Fecha todas as válvulas e desliga o motor.

8- Ligar/desligar a alimentação de combustível do painel de controlo para o PLC.

9- Indicação de dados para o ajuste de temporizadores, contadores e indicação de alarme.

Fig.2 Ecrã do painel de controlo.

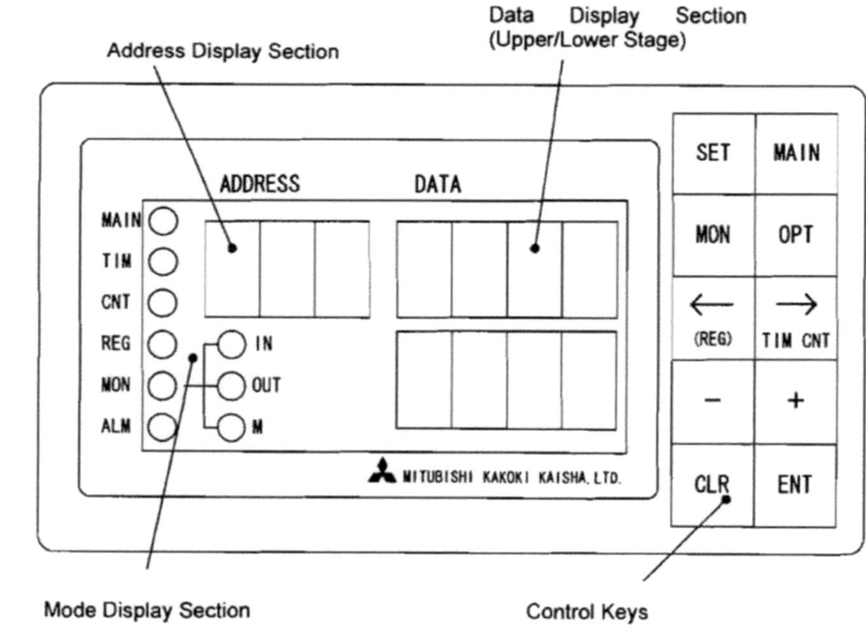

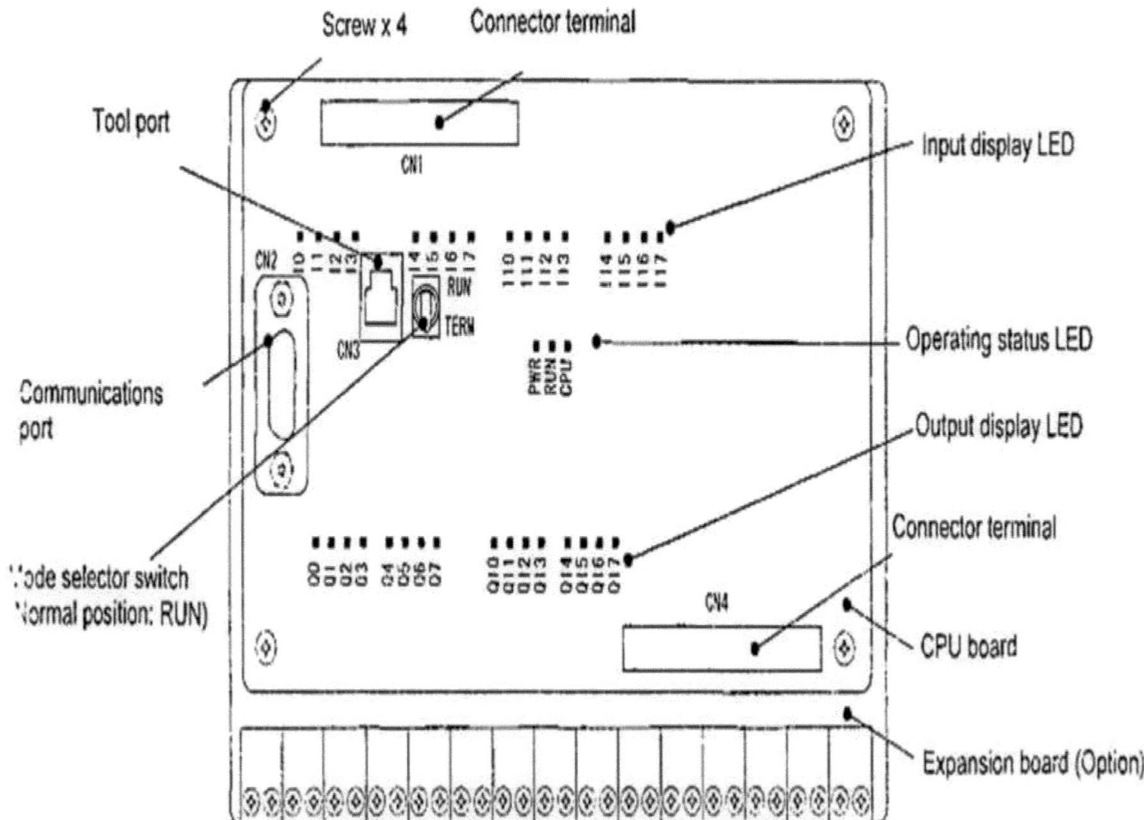

Fig.3 O quadro - vista comum.

O campo "ADDRESS" mostra a que temporizador/coletor ou sinal de E/S se refere a informação no campo "DATA". Os botões do lado direito servem para definir o temporizador e o tipo de sinal que será apresentado no ecrã.

2. Multi-Monitor (MM)

É a unidade do sistema de controlo. Todos os sensores estão ligados a ele e mostram a pressão, a temperatura, o caudal, as rotações, os desvios dos parâmetros e mantêm a comunicação com o PLC principal.

Entradas MM :

- Sinais de alimentação e de descarga.
- Deteção de RPM.
- Pressão de combustível de entrada.
- Sinal de temperatura
- Pressão de saída do combustível.
- Sinal de pressão de circulação.

Sinal de MM para PLC :

- Alarme de fuga de óleo.
- Não há alarme de abertura da taça.
- Elevada contaminação de água em combustível limpo.

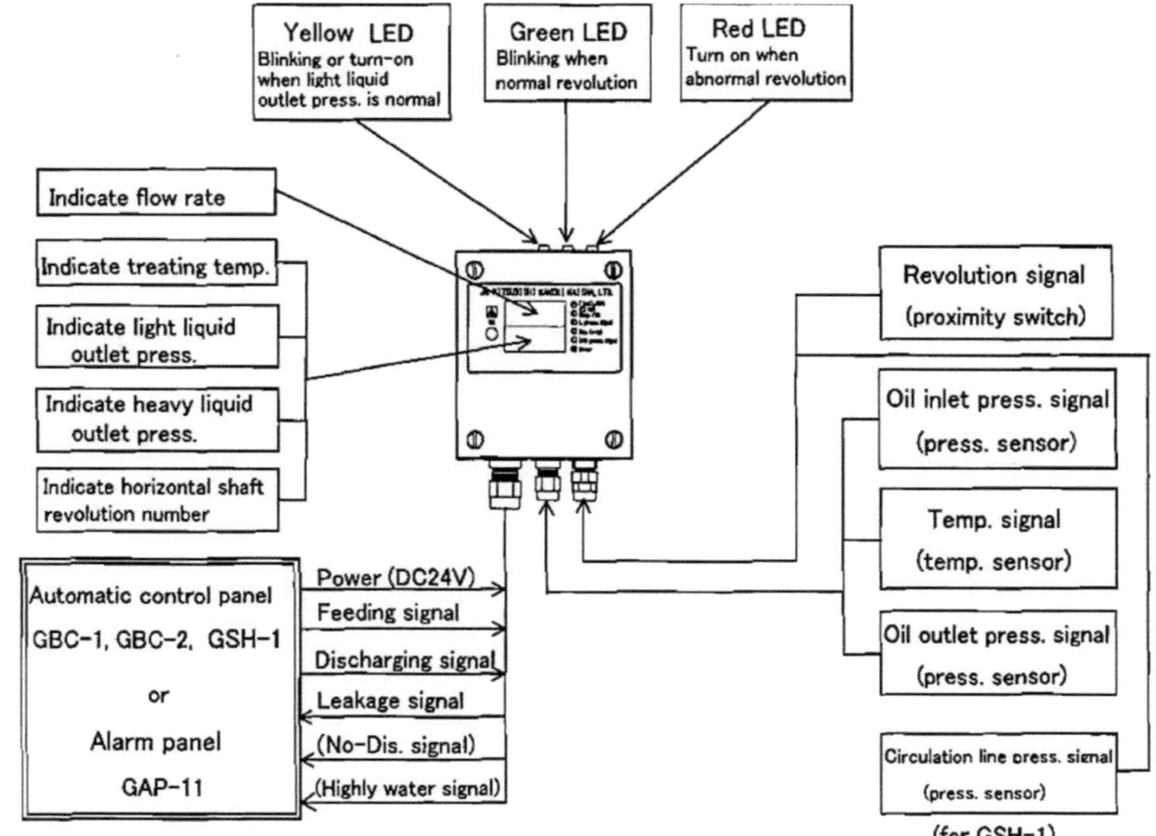

Fig.4 Functions of MM

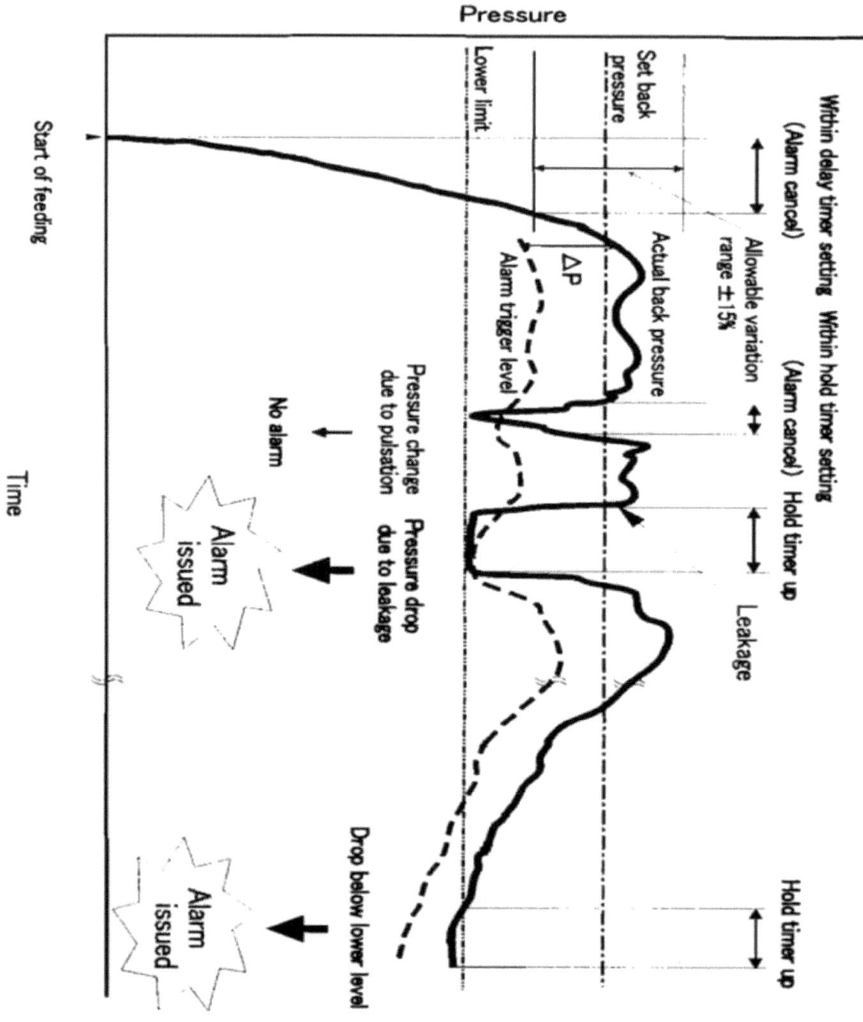

Fig.5 Descrição gráfica dos tempos e níveis de alarme.

CAPÍTULO II

Código fonte do programa

1. Descrição.

1.1 Código PLC principal.

O programa é o mesmo para ambos os modos HIDENS ou Purificador. Os valores de tempo de T002 e T003 só têm de ser reajustados.

Ligações de entrada/saída:

I0.0 - Sinal de alarme do monitor de fugas de MM
10.1 - Sinal de alarme de não descarga de MM
10.2 - Sinal de deteção de água
10.3 - Arranque automático PB
10.4 - Paragem automática PB
10.5 - Teste de descarga PB
10.6 - Paragem de emergência PB
10.7 - Funcionamento do motor El
O0. 0-SV1 (tigela de abertura de água)
O0. 1-SV2 (taça que fecha a água)
O0. 2-SV3 (água de substituição/selagem)
O0. 3-SV4 (válvula de alimentação)
O0. 4-SV9 (abertura de taça de água - parcial)
O0. 5-Sinal de alimentação
O0. 6-Sinal de descarga
O0. 7-Sinal de paragem para o motor de arranque El. Motor

```
STEP 0""Controlo do sinal de alarme
IFI0        .0   Sinal de alarme do monitor de fugas da MM Sinal de
    ORI0    .1   alarme de não descarga da MM Sinal de deteção de água
    ORI0    .2   ENTÃO JMP PARA 0
                 OTHRW NOP

PASSO 1""Fornecer água para fechar o recipiente
IFI0        .6 'PB Paragem de emergência
DEPOIS JMP PARA 1000
```

```
IF          I0.7        'El motor em funcionamento
   ANDI0      .3        'PB Arranque automático
ENTÃO               LOADV0
   TO
   CARRE       OW0      'Saídas
GAR            V800
   TO
   CARRE       TP0      'Intervalo TP
GAR            V300
   TO
   CARRE       TP1      'Taça de abertura TP
GAR            V1300
   TO          TP2      'Água de substituição TP
   CARRE       V0
GAR
   TO
   CARRE       TP3      'Água de regulação / vedação TP
GAR            V0
   TO
   CARRE       TP4      'Bowl água de lavagem TP
GAR            V060
   TO
   CARRE       TP11     "Taça de abertura (parcial) TP
GAR            V300
   TO
   CARRE       TP12     'Água de substituição (parcial) TP
GAR            V0
   TO
   CARRE       TP13     'Regulação da água (parcial) TP
GAR            V10000
   TO          TP14     'Abastecimento intermitente de água
   CARRE    TP
GAR            V500
   TO          TP16     'Alimentação de água para a cuba de
   CARRE    fecho TP
GAR            V50000
   TO          TP15     'Intervalo de descarga TP
   CARRE       V21000
GAR
   TO          TP26     'Reinício da contagem de deteção TP
   CARRE       V2
GAR
   TO          CP27     'Contador de regulação da deteção de
   CARRE    água CP
GAR            V6000
   TO
   CARRE       TP22     'Tempo de controlo TP
GAR            V6
   TO                   Balcão de lavagem de bacias CP23
   CARRE                'Bowl CP
```

```
        TO        TP30
        CONJU     C23        Balcão de lavagem de bacias
        CONJU     T0         'Temporizador de intervalo
        CONJU     O0.1       SV2 (taça a fechar água)

    PASSO 2""Fornecer água de substituição
    IFI0          .6       Paragem de emergência PB
    DEPOIS JMP PARA 1000
    IFI0          .4                      Paragem automática PB
    ENTÃO JMP PARA 7
    IFI0          .5         Teste de descarga PB
    ENTÃO DEFINIR T31             PB DT inc temporizador
        COM 0,2s
       RESET O0.1              SV2 (taça a fechar água)
       JMP PARA 8
    IF N T0
                                          'Temporizador de intervalo
                                 ENTÃO REINICIAR O0.1 "SV2 (taça que fecha a água)
  SET O0.2 'SV3 (água de substituição/selagem)
  SET T2 "Temporizador de água de substituição

PASSO 21""Abastecimento de água na abertura da cuba
IFI0          .6 'PB Paragem de emergência
DEPOIS JMP PARA 1000
              Paragem automática IFI0  .4      'PB
ENTÃO JMP PARA 7
              Teste de descarga IFI0   .5      'PB
THEN SET T31 'PB DT inc temporizador
      COM 0,2s
   JMP PARA 8
IF N T2 "Temporizador de água de substituição
ENTÃO REINICIAR O0.2 'SV3 (água de substituição/selagem)
   SETO0    .0              'SV1 (água de abertura da taça)
            SETT1           'Bowl água de abertura

PASSO 22""Fornecer água de fecho do recipiente
```

IFI0 .6 'PB Paragem de emergência
DEPOIS JMP PARA 1000

IF I0.4 'PB Paragem automática
ENTÃO JMP PARA 7

IF Teste de descarga I0.5 'PB
ENTÃO T31 'PB DT inc temporizador
COM 0.2s
REINICI O0.0 'SV1 (tigela de abertura de água)
JMP PARA 8

IFN Água de abertura do T1 'Bowl
ENTÃO REINICIAR O0.0 'SV1 (taça que abre a água)
CONJUN O0.1 'SV2 (taça a fechar água)
CONJUN T0 'Temporizador de intervalo

PASSO 23""Abastecimento de água de regulação/vedação
IF I0.6 'PB Paragem de emergência
DEPOIS JMP PARA 1000
IF I0.4 'PB Paragem automática
ENTÃO JMP PARA 7
IF Teste de descarga I0.5 'PB
ENTÃO T31 'PB DT inc temporizador
COM 0.2s
REINICI O0.1 'SV2 (taça a fechar água)
JMP PARA 8
IFN T0 'Temporizador de intervalo
ENTÃO O0.2 'SV3 (água de substituição/selagem)
CONJUN T3 'Regulação / Vedação da água
CONJUN T0 'Temporizador de intervalo

PASSO 24""Parar de fornecer água de regulação/selagem
IFI0 .6 'PB Paragem de emergência
DEPOIS JMP PARA 1000
Paragem automática IFI0 .4 'PB
ENTÃO JMP PARA 7
Teste de descarga IFI0 .5 'PB

ENTÃO CONJUNTOT31 PB DT inc temporizador

COM 0,2s

RESET O0.2 'SV3 (água de substituição/selagem)

RESET O0.1 'SV2 (taça que fecha a água)

JMP PARA 8

IF N T3 "Regulação / Vedação da água

ENTÃO REINICIAR O0.2 'SV3 (água de substituição/selagem)

IF N T0 "Temporizador de intervalo

ENTÃO REINICIAR O0.1 "SV2 (taça que fecha a água)

STEP 25""Parar de fornecer água de fecho da cuba 'PB Paragem de emergência

IFI0 .6 Paragem automática PB

DEPOIS JMP PARA 1000

IFI0 .4 Teste de descarga PB

ENTÃO JMP PARA 7 "PB DT inc temporizador

IFI0 .5

ENTÃO DEFINIR T31 SV2 (taça a fechar água)

COM 0,2s

RESET O0.1 'Temporizador de intervalo

JMP PARA 8 O0.1 'SV2 (taça a fechar água)

IF N T0 "Regulação / Vedação da água

O0.2 'SV3 (água de substituição/selagem)

ENTÃO REINICIAR 'Temporizador de intervalo

IF N T3

PASSO 3""Definir o intervalo de descarga

ENTÃO REINICIAR DEPOIS JMP PARA 1000

IFI0 .4 Paragem automática PB

ENTÃO JMP PARA 7

IFI0 .5 Teste de descarga PB

IF I0.6 'PB Paragem de emergência

ENTÃO DEFINIR T31 PB DT inc

COM 0,2s

JMP PARA 8

```
        IF N T0                                 'Temporizador de intervalo
        ENTÃO DEFINIR T15               Intervalo de descarga
            COM 655s
                        SETT26        'Reinício da contagem de deteção
                        SETC27        Contador de regulação da deteção de água
            JMP PARA 30

STEP 301""Definir o intervalo de descarga (parcial)
IFI0              .6 'PB Paragem de emergência
DEPOIS JMP PARA 1000
IFI0              .4          'PB Paragem automática
ENTÃO JMP PARA 7
            Teste de descarga IFI0     .5       'PB
THEN SET T31 'PB DT inc temporizador
    COM 0,2s
   JMP PARA 8
            IFNOP
ENTÃO CARREGAR FW15
            TOTP15        'Intervalo de descarga TP
            SETT15        'Intervalo de descarga

PASSO 30""Iniciar a alimentação
IF            I0.6          'PB Paragem de emergência
 DEPOIS JMP PARA 1000
IF            I0.4          'PB Paragem automática
 ENTÃO JMP PARA 7
IF                          Teste de descarga I0.5 'PB
ENTÃO               T31            'PB DT inc
    COM          0.2s
   JMP PARA 8
IF            NOP
ENTÃO               O0.3          'SV4 (válvula de
   REINICI       O0.6          'Sinal de descarga
   CONJUN     O0.5          'Sinal de alimentação
   CONJUN                   Tempo de
```

PASSO 31""Iniciar a alimentação intermitente de água

IFN T26 'Reinício da contagem de deteção

ENTÃO 'Reinício da contagem de deteção

SET

SETC27 Contador de regulação da deteção de água

IFI0 .6 Paragem de emergência PB

DEPOIS JMP PARA 1000

IFI0 .4 Paragem automática PB

ORI0 .0 Sinal de alarme do monitor de fugas de MM

ENTÃO JMP PARA 7

IFI0 .5 Teste de descarga PB

ENTÃO "PB DT inc temporizador

SET

T31

JMP PARA 8

Intervalo de descarga

IFN T15

ENTÃO JMP PARA 5

IFI0 .2 Sinal de deteção de água

ENTÃO JMP PARA 9

OTHRW SET T14 "Abastecimento de água intermitente

PASSO 4""Reabastecer o recipiente com água

IF I0.6 'PB Paragem de emergência

DEPOIS JMP PARA 1000

IF I0.4 Paragem automática PB

OU I0.0 Sinal de alarme do monitor de fugas de MM

ENTÃOJMP PARA 7

IF I0.5 Teste de descarga PB

ENTÃO SET PB DT inc temporizador

COM 0,2s

JMP PARA 8

IF T T15 Intervalo de descarga

ENTÃ JMP PARA 5

IF I0.2 Sinal de deteção de água

ENTÃ JMP PARA 9

IF T T26 'Reinício da contagem

IF N T15 Intervalo de descarga

ENTÃ JMP PARA 5

IF I0.2 Sinal de deteção de água

ENTÃ JMP PARA 9

IF N T26 'Reinício da contagem de deteção

ENTÃ CONJ T26 'Reinício da contagem de deteção

CONJUN C27 Contador de regulação da deteção de

IF N T16 'Abastecimento de água para fechar

ENTÃO O0.1 SV2 (taça a fechar água)

REINICIAR

ENTÃO T26

CONJUNTO C27 Contador de regulação da deteção

CONJUN T14 de água

TO

O0.1 'Alimentação intermitente de água

SE N

T16 SV2 (água de fecho da cuba)

ENTÃO

"Alimentacão de água para o fecho

PASSO 41""Parar de reabastecer a água de fecho da cuba SE ENTÃO SE I0.6 Paragem de emergência PB

OU JMP PARA

ENTÃO SE 1000

Paragem automática PB

ENTÃO I0.4

Sinal de alarme do monitor de fugas de MM

I0.0

JMP PARA 7

I0.5 Teste de descarga PB

CONJ T31 PB DT inc

UNTO 0.2s

COM O0.1 SV2 (taça a fechar água)

REINICIA

R

PASSO 5""

IFI0 .6 'PB Paragem de emergência

DEPOIS JMP PARA 1000

IF I0.4 Paragem automática PB

OU I0.0 Sinal de alarme do monitor de fugas de MM

ENTÃ JMP PARA 7

IF I0.5 Teste de descarga PB

ENTÃ SET PB DT inc temporizador

```
      COM 0,2s
    JMP PARA 8
OUTROS JMP PARA 50


STEP 50""Descarga total ou parcial ou continuar a alimentação
        IFI0          .6          Paragem de emergência PB
        DEPOIS JMP PARA 1000

        IFI0          .4          Paragem automática PB
                                    Sinal de alarme do monitor de fugas de MM
            ORI0      .0
        ENTÃO JMP PARA 7

        IFI0          .5          Teste de descarga PB
        ENTÃO                          "PB DT inc temporizador
                           SET
        T31
    JMP PARA 8

        IFN      T15                Intervalo de descarga
            ORI0      .2            Sinal de deteção de água
 ENTÃO REINICIAR O0.3 "SV4 (válvula de alimentação)
                         RESE      Tempo de controlo
                         RESE      Intervalo de descarga
            RESETO0   ,5            Sinal de alimentação
            SETO0     .6           Sinal de descarga
                       SETT0      'Temporizador de intervalo
            JMP PARA 51
        IFN      T26                'Reinício da contagem de deteção
        ENTÃO                          'Reinício da contagem de deteção
                       SETC27      Contador de regulação da deteção de água
        OUTROS JMP PARA 31


PASSO 51 ""Fornecer água de substituição
        IFI0          .6          Paragem de emergência PB
        DEPOIS JMP PARA 1000
        IFI0          .4          Paragem automática PB
        ENTÃO JMP PARA 7

        IFI0          .5          Teste de descarga PB
        ENTÃO                          "PB DT inc temporizador
```

COM 0,2s

JMP PARA 8

IFI0 .1 'Sinal de alarme de não descarga de MM

ENTÃO JMP PARA 6

IFNOP

THEN RESET T15 'Intervalo de descarga

REINICIA T14 Abastecimento intermitente de água

REINICIA T22 Tempo de controlo

REINICIA T26 'Reinício da contagem de deteção

IFN T0 'Temporizador de intervalo

ENTÃO O0.2 SV3 (água de substituição/selagem)

CONJUN T2 ' Temporizador de água de substituição

PASSO 52""Abertura da cuba de abastecimento de água

IF I0.6 Paragem de emergência

ENTÃ JMP PARA 1000

IF I0.4 Paragem automática PB

ENTÃ JMP PARA 7

IF I0.5 Teste de descarga PB

ENTÃ SET PB DT inc

COM 0,2s

JMP PARA 8

IF I0.1 Sinal de alarme de não descarga de MM

ENTÃO JMP PARA 6

IF NOP

ENTÃO REINICIAR O0.5 'Sinal de alimentação

CON O0.6 Sinal de descarga

IF N T2 ' Temporizador de água de substituição

ENTÃO REINICIAR O0.2 'SV3 (água de substituição/selagem)

CON O0.0 SV1 (taça que abre água)

CON T1 'Água de abertura da taça

INC C23 Balcão de lavagem de bacias

PASSO 53""Parar o abastecimento de água da abertura da cuba

IFI0 .6 'PB Paragem de emergência

```
DEPOIS JMP PARA 1000
        IF              I0.4        Paragem automática PB
        ENTÃO JMP PARA 7
        IF              I0.5        Teste de descarga PB
        ENTÃO              T31          PB DT inc temporizador
        CONJUNTO
           COM          0.2s
           REINICIA     O0.0         SV1 (taça que abre água)
        R
           JMP PARA 8
        IF              I0.1        Sinal de alarme de não descarga de MM
           E N T1                     'Água de abertura da taça
        ENTÃO JMP PARA 6
                  IFN   T1          'Água de abertura da taça
        ENTÃO RESETO0      .0         'SV1 (tigela que abre a água)
           CONJUN       O0.1         SV2 (taça a fechar água)
        TO
           CONJUN       T0          'Temporizador de intervalo
```

```
PASSO 54""Quando o prazo de validade do recipiente de lavagem da bacia tiver expirado
        IF              I0.6 'PB Paragem de emergência
THEN JMP TO 1000 'PB Paragem automática
        IFI0            .4
        ENTÃO JMP PARA 7        Teste de descarga PB
        IFI0            .5              PB DT inc temporizador
        ENTÃO DEFINIR T31
             COM 0,2s               SV2 (taça a fechar água)
           RESET O0.1
           JMP PARA 8           Sinal de alarme de não descarga de MM
        IFI0            .1
        ENTÃO JMP PARA 6        'Temporizador de intervalo
        IF ( N T0               ) "Balcão de lavagem de bacias
           E C23
        DEPOIS JMP PARA 592     'Temporizador de intervalo
        IF ( N T0               ) "Balcão de lavagem de bacias
           E N C23                         'Temporizador de intervalo
        ENTÃO DEFINIR T0          Sinal de descarga
           RESETO0      .6
```

IFN Balcão de lavagem de bacias C23 'Bowl

ENTÃO Balcão de lavagem de bacias C23 'Bowl

PASSO 55""Abastecimento de água de lavagem da cuba

IF I0.6 'PB Paragem de emergência

DEPOIS JMP PARA 1000

IF I0.4 'PB Paragem automática

ENTÃO JMP PARA 7

IF Teste de descarga I0.5 'PB

ENTÃO T31 'PB DT inc temporizador

CONJUNTO 0.2s

COM O0.1 'SV2 (taça a fechar água)

REINICI

JMP PARA 8

IFN T0 'Temporizador de intervalo

ENTÃO O0.2 'SV3 (água de substituição/selagem)

CONJUNTO Água de lavagem da taça T4

CONJUN

PASSO 56""Parar a alimentação da água de lavagem da cuba. Descarregar a água de lavagem

IF I0.6 'PB Paragem de emergência

DEPOIS JMP PARA 1000

IF I0.4 'PB Paragem automática

ENTÃO JMP PARA 7

IF Teste de descarga I0.5 'PB

ENTÃO T31 'PB DT inc temporizador

CONJUNTO 0.2s

COM O0.1 'SV2 (taça a fechar água)

REINICI O0.2 'SV3 (água de substituição/selagem)

AR

JMP PARA 8

IFN Água de lavagem da taça T4

ENTÃO REINICIAR O0.2 'SV3 (água de substituição/selagem)

CONJUN O0.0 'SV1 (tigela de abertura de água)

TO O0.1 'SV2 (taça a fechar água)

REINICI Água de abertura do T1 'Bowl

AR

PASSO 57""Interromper o fornecimento de água de abertura da cuba. Fornecer água de fecho da cuba

IFI0 .6 'PB Paragem de emergência

DEPOIS JMP PARA 1000

IF I0.4 'PB Paragem automática

ENTÃO JMP PARA 7

IF Teste de descarga I0.5 'PB

ENTÃO T31 'PB DT inc temporizador

COM 0.2s

REINICI O0.0 'SV1 (tigela de abertura de água)

JMP PARA 8

IFN Água de abertura do T1 'Bowl

ENTÃO REINICIAR O0.0 'SV1 (taça que abre a água)

CONJUN O0.1 'SV2 (taça a fechar água)

CONJUN T0 'Temporizador de intervalo

PASSO 58""Abastecimento de água de regulação/vedação

IF I0.6 'PB Paragem de emergência

DEPOIS JMP PARA 1000

IF I0.4 'PB Paragem automática

ENTÃO JMP PARA 7

IF Teste de descarga I0.5 'PB

ENTÃO T31 'PB DT inc temporizador

COM 0.2s

REINICI O0.1 'SV2 (taça a fechar água)

JMP PARA 8

IFN T0 'Temporizador de intervalo

ENTÃO O0.2 'SV3 (água de substituição/selagem)

CONJUNTO

CONJUN T3 'Regulação / Selagem da água

CONJUN T0 'Temporizador de intervalo

PASSO 59""Parar a alimentação de água de regulação/selagem

IF I0.6 'PB Paragem de emergência

DEPOIS JMP PARA 1000

IF I0.4 'PB Paragem automática

ENTÃO JMP PARA 7

IFI0 .5 'Teste de descarga PB

THEN SET T31 'PB DT inc temporizador

```
        COM          0.2s
        REINICIA
P                    O0.1          'SV2 (taça a fechar água)
        REINICIA     O0.2          'SV3 (água de substituição/selagem)
P
        JMP PARA

           IFN  T3              'Regulação / Vedação da água
ENTÃO REINICIAR PARA0          .2   'SV3 (água de
           IFN  T0              'Temporizador de intervalo
ENTÃO REINICIAR O0.1 "SV2 (taça que fecha a água)
```

```
PASSO 591""Parar a alimentação da água de fecho da cuba
        IFI0              .6         Paragem de emergência PB
        DEPOIS JMP PARA 1000
        IFI0              .4         Paragem automática PB
        ENTÃO JMP PARA 7
        IFI0              .5         Teste de descarga PB
        ENTÃO DEFINIR T31                      PB DT inc temporizador
            COM 0,2s
           RESET O0.1                          SV2 (taça a fechar água)
           JMP PARA 8
        IF N T0                      'Temporizador de intervalo
        ENTÃO                        O0.1       'SV2 (taça a fechar água)
        REINICIAR                     "Regulação / Vedação da água
        SE N T3                 O0.2      'SV3 (água de substituição/selagem)
        ENTÃO                         'Temporizador de intervalo
        REINICIAR                    JMP PARA 3
```

```
PASSO 592""Quando o contador de lavagem de tinas não tiver expirado
IFI0              .6 'PB Paragem de emergência
DEPOIS JMP PARA 1000
           Paragem automática IFI0  .4      'PB
ENTÃO JMP PARA 7
           Teste de descarga IFI0    .5      'PB
THEN SET T31 'PB DT inc temporizador
       COM 0,2s
     JMP PARA 8
```

IFI0 .1 "Sinal de alarme de não descarga de MM
ENTÃO JMP PARA 6
IF N T0 "Temporizador de intervalo
ENTÃO O0.2 "SV3 (água de substituição/selagem)
CONJUNTO T3 'Regulação / Selagem da água
CONJUN O0.6 'Sinal de descarga
TO
T0 'Temporizador de intervalo
REINICI JMP PARA 59

PASSO 6""Paragem. Definir o temporizador de intervalo
IFI0 .6 'PB Paragem de emergência
DEPOIS JMP PARA 1000
IFNOP
ENTÃO CARREGAR V0
TO OW0 'Saídas
SET T0 "Temporizador de intervalo

PASSO 61""Aguardar a expiração de T0
IFI0 .6 'PB Paragem de emergência
DEPOIS JMP PARA 1000
IF N T0 "Temporizador de intervalo
ENTÃO JMP PARA 62

PASSO 62""Paragem do motor El
THEN SET T30 'Temporizador do sinal de paragem do motor
SET O0.7 'Sinal de paragem para El. Motor de arranque

PASSO 63""Reposição do El. Sinal de paragem do motor
IF N T30 "Temporizador do sinal de paragem do motor
ENTÃO REINICIAR O0.7 'Sinal de paragem para El. Arranque do motor
JMP TO 0

STEP 511""Descarga parcial.
IFI0 .6 'PB Paragem de emergência
DEPOIS JMP PARA 1000

```
IF              I0.4          Paragem automática PB
ENTÃ  JMP PARA
IF              I0.5          Teste de descarga PB
ENTÃ  CONJUNT  T31            'PB DT inc
      COM 0,2s
     JMP PARA 8
IF              TW15          'TW
     =          V0
ENTÃO                   LOADTP15 'Intervalo de descarga TP
      TO        FW15
CARGA OTHRW          TW15         'TW
      TO        FW15
IF              NOP
ENTÃO                   RESETT15 'Intervalo de descarga
     REINICI       T22          Tempo de controlo
     REINICI       T14          Abastecimento intermitente de
     REINICI       O0.3         SV4 (válvula de alimentação)
     CONJU     T0           'Temporizador de intervalo
     REINICI       O0.5         Sinal de alimentação
     CONJU     O0.6         Sinal de descarga
STEP 512""Fornecimento de água de substituição
IFI0            .6 'PB Paragem de emergência
DEPOIS JMP PARA 1000
                Paragem automática IFI0  .4     'PB
ENTÃO JMP PARA 7
                Teste de descarga IFI0   .5     'PB
THEN SET T31 'PB DT inc temporizador
      COM 0,2s
     JMP PARA 8
IFI0            .1 "Sinal de alarme de não descarga de MM
ENTÃO JMP PARA 6
IF N T0 "Temporizador de intervalo
THEN SET O0.2 'SV3 (água de substituição/selagem)
     SET T12 "Água de substituição (parcial)
```

```
PASSO 513""Parar de fornecer água de substituição. Fornecer água de fecho da cuba.
    IF            I0.6          'PB Paragem de emergência
DEPOIS JMP PARA 1000
    IF            I0.4          'PB Paragem automática
ENTÃO JMP PARA 7
    IF                          Teste de descarga I0.5 'PB
    ENTÃO              T31           'PB DT inc temporizador
    CONJUNTO      0.2s
        COM       O0.2          'SV3 (água de substituição/selagem)
        REINICI
  JMP PARA 8
    IF            I0.1          'Sinal de alarme de não descarga de MM
ENTÃO JMP PARA 6
           IFN   T12           'Água de substituição (parcial)
ENTÃO REINICIAR O0.2 'SV3 (água de substituição/selagem)
        CONJUN   O0.1          'SV2 (taça a fechar água)
    TO            T0            'Temporizador de intervalo

STEP 514""Água de abertura da cuba de alimentação (parcial)
    IF            I0.6          'PB Paragem de emergência
DEPOIS JMP PARA 1000
    IF            I0.4          'PB Paragem automática
ENTÃO JMP PARA 7
    IF                          Teste de descarga I0.5 'PB
    ENTÃO              T31           'PB DT inc temporizador
    CONJUNTO      0.2s
        COM       O0.1          'SV2 (taça a fechar água)
        REINICI
  JMP PARA 8
    IF            I0.1          'Sinal de alarme de não descarga de MM
ENTÃO JMP PARA 6
           IFN   T0            'Temporizador de intervalo
    ENTÃO              O0.4          'SV9 (água de abertura da bacia - parcial)
    CONJUNTO                    Taça de abertura do T11   (parcial)
        CONJUN

PASSO 515""Parar a alimentação da água de abertura da cuba
    IF            I0.6          'PB Paragem de emergência
```

```
DEPOIS JMP PARA 1000
        IFI0           .4            Paragem automática PB
        ENTÃO JMP PARA 7
        IFI0           .5            Teste de descarga PB
THEN SET T31 'PB DT inc temporizador
COM0           .2s
RESETO0        .4            'SV9 (abertura da taça de água - parcial)
          JMP PARA 8
        IFI0           .1            Sinal de alarme de não descarga de MM
        ENTÃO JMP PARA 6
        IFN       T11                "Taça de abertura (parcial)
ENTÃO REINICIAR O0.4 'SV9 (abertura da bacia de água - parcial)
                        SETT0     'Temporizador de intervalo

STEP 516""Abastecimento de água de regulação (parcial)
        IFI0           .6            Paragem de emergência PB
DEPOIS JMP PARA 1000
        IFI0           .4            Paragem automática PB
        ENTÃO JMP PARA 7
        IFI0           .5            Teste de descarga PB
THEN SET T31 'PB DT inc temporizador
COM 0,2s
          JMP PARA 8
        IFI0           .1            Sinal de alarme de não descarga de MM
        ENTÃO JMP PARA 6
        IFN       T0                 'Temporizador de intervalo
ENTÃO REINICIAR O0.1 "SV2 (taça que fecha a água)
RESET O0.6 'Sinal de descarga
          SETO0     .2               SV3 (água de substituição/selagem)
                        SETT13    Regulação da água (parcial)

STEP 517""Parar o fornecimento de água de regulação
        IFI0           .6            Paragem de emergência PB
DEPOIS JMP PARA 1000
        IFI0           .4            Paragem automática PB
```

```
ENTÃO JMP PARA 7

        IFI0            .5              Teste de descarga PB
        ENTÃO                                   "PB DT inc temporizador
                                SET
        T31
            RESETO0     .2              SV3 (água de substituição/selagem)
            JMP PARA 8

        IFN     T13                     Regulação da água (parcial)
ENTÃO REINICIAR O0.2 'SV3 (água de substituição/selagem)
                        SETT0   'Temporizador de intervalo
            JMP TO 301


PASSO 7""Rotina de paragem automática. Paragem da alimentação.
        IFI0            .6              Paragem de emergência PB
        DEPOIS JMP PARA 1000
            IFNOP
ENTÃO CARREGAR V0
                        TOOW0   "Saídas
                          RESE    Tempo de controlo
        TT22
                          RESE    Intervalo de descarga
        TT15
                          RESE    'Reinício da contagem de deteção
        TT26
            SETO0       .6              Sinal de descarga
                        SETT0   'Temporizador de intervalo


STEP 71""Fornecer água de substituição
        IFI0            .6              Paragem de emergência PB
        DEPOIS JMP PARA 1000
                                        Sinal de alarme de não descarga de MM
        IFI0            .1
        ENTÃO JMP PARA 6
        IFN     T0                      'Temporizador de intervalo
THEN SET O0.2 'SV3 (água de substituição/selagem)
                        SETT2   ' Temporizador de água de substituição


STEP 72""Abertura da cuba de abastecimento de água
        IFI0            .6              Paragem de emergência PB
        DEPOIS JMP PARA 1000
```

IFI0 .1 "Sinal de alarme de não descarga de MM
ENTÃO JMP PARA 6
IF N T2 "Temporizador de água de substituição
ENTÃO REINICIAR O0.2 'SV3 (água de substituição/selagem)
SETO0 .0 'SV1 (água de abertura da taça)
SETT1 'Bowl água de abertura

STEP 73""Parar a alimentação de água da abertura
IFI0 .6 da cuba 'PB Paragem de emergência
DEPOIS JMP PARA
1000 Sinal de alarme de não descarga de MM
IFI0 .1 'Água de abertura da taça
E N T1
ENTÃO JMP PARA 6 'Água de abertura da taça
IF N T1 O0.0 'SV1 (tigela de abertura de água)
ENTÃO REINICIAR
JMP PARA 6

STEP 8""PB Rotina de teste de descarga.
IFI0 .6 'PB Paragem de emergência
DEPOIS JMP PARA 1000
Paragem automática IFI0 .4 'PB
ENTÃO JMP PARA 7
IFNOP
ENTÃO REINICIAR O0.3 "SV4 (válvula de alimentação)
REINICIA O0.5 Sinal de alimentação
CONJUNT O0.6 Sinal de descarga
IFN T31 "PB DT inc temporizador
ENTÃO V1
TO CP21
CONJUNT C21 "Contador de quitação total/parcial
CONJUNT T21 "Temporizador de quitação
COM 5s

PASSO 81""
IF I0.6 'PB Paragem de emergência

DEPOIS JMP PARA 1000

Paragem automática IFI0 .4 'PB

ENTÃO JMP PARA 7

Teste de descarga IFI0 .5 'PB

THEN INC C21 'Contador de descarga total/parcial

SE N T21 "Temporizador de descarga total/parcial

THENNOP

PASSO 82""Descarga total ou parcial

IFI0 .6 Paragem de emergência PB

DEPOIS JMP PARA 1000

IFI0 .4 Paragem automática PB

ENTÃO JMP PARA 7

IF (N C21 Contador de descarga total/parcial)

E N T21 Temporizador de descarga

E T2 total/parcial Temporizador de água

Contador de ENTÃO JMP PARA 52 descarga total/parcial) "Temporizador de

descarga IF (N C21 total/parcial" "Temporizador de intervalo

E N T21

ENTÃO T0

SE (C21 CONJUNTO

E N T21

DEPOIS JMP PARA 511 "Contador de quitação total/parcial

) "Temporizador de quitação

STEP 9""Rotina do sinal de deteção de água

IFI0 .6 'PB Paragem de emergência

DEPOIS JMP PARA 1000

IFI0 .4 'PB Paragem automática

ENTÃO JMP PARA 7

IFNOP

THEN INC C27 'Contador de regulação da deteção de água

PASSO 91""

IFI0 .6 Paragem de emergência PB

DEPOIS JMP PARA 1000 Paragem automática PB

IFI0 .4

ENTÃO JMP PARA 7 Contador de regulação da deteção de água

SE (C27) "Tempo de controlo

E N T22

ENTÃO JMP PARA 5 Contador de regulação da deteção de água

SE (C27) "Tempo de controlo

E T22

DEPOIS JMP PARA 511 Contador de regulação da deteção de água

SE N C27

ENTÃO JMP PARA 7

STEP 1000""Paragem de emergência

ENTÃO CARREGAR V0

TO OW0 'Saídas

JMP PARA 62

I. 2 Código PLC adicional.

Entradas/Saídas de sinais:

I0.0 - LM Perda de pressão limite do alarme

10.1 - Sem sinal de descida das RPM pré-determinado

10.2 - WD Queda de pressão limite de alarme

10.3 - PB Reposição do alarme

10.4 - Interruptor de proximidade para rotação

10.5 - Sinal de alimentação

10.6 - Sinal de descarga

10.7 - PB Alarme Reposição do sinal sonoro

II. 0 - Sinal de paragem do PLC principal

O0.0 - Parar o ar no cilindro

O0.1 - Ar de alimentação para o cilindro

O0.2 - Sinal de deteção de água

O0.3 - Sinal de alarme do monitor de fugas

O0.4 - Sinal de alarme de não descarga

O0.5 - Alarme de teor de água anormal

O0.6 - Sinal sonoro de alarme

O0.7 - Sinal de rotação

PASSO 0

DEPOIS CARREGAR A V21000

```
            TO        TP26        "Reposição da contagem de deteção TP

            CARGA     V6000
            TO        TP22        "Tempo de controlo TP

            CARRE     V2
            TO        CP27        Contador de regulação da deteção de
            CARRE     V500
            TO        TP30


PASSO 1
IF              I0.3         PB Reposição do alarme
THEN RESETO0       .3              'Sinal de alarme do monitor de
     REINIC        O0.4            Sinal de alarme de não descarga
     REINIC        O0.5            Alarme de teor anormal de água
IF              I0.7         PB Reposição do sinal sonoro de alarme
THEN RESETO0       .6              'Sinal sonoro de alarme
IF              I0.4         Interruptor de proximidade para rotação
ENTÃO SETO0      .7                Sinal de rotação
OTHRW RESETO0       .7                'Sinal de rotação
IF              I1.0         Sinal de paragem do PLC principal
ENTÃO                              'Parar o ar no temporizador do
     JMP PARA 8
          IF      O0.3          Sinal de alarme do "Monitor de fugas
     E        N O0.4               Sinal de alarme de não descarga
     E        N O0.5               Alarme de teor anormal de água
     E        N O0.6               'Sinal sonoro de alarme
ENTÃO RESETO0      .0              'Parar o ar no cilindro
     CONJU     O0.1            Ar de alimentação para o cilindro
```

PASSO 11

IF N T2

```
ENTÃO                          O0.2 "Sinal de deteção de água
REINICIAR                    " "Interruptor de proximidade para rotação
IFI0        .4    O0.7    'Sinal de rotação
ENTÃO              O0.7 'Sinal de rotação
CONJUNTO                 'Sinal de paragem do PLC principal
OTHRW RESET        T30 'Paragem do ar para o temporizador do cilindro
IFI1        .0
ENTÃO
            I0.6       Sinal de descarga
 --  E        I0.1       Sinal de descida das RPM não
 ENTÃO          O0.4       Sinal de alarme de não descarga
   CONJUNT O0.6        Sinal sonoro de alarme
 O

 IFI0        .5        'Sinal de alimentação
   E N        O0.3        Sinal de alarme do "Monitor de fugas
   E N        O0.4        Sinal de alarme de não descarga
   E N        O0.5        Alarme de teor anormal de água

   E N        O0.6        'Sinal sonoro de alarme
 ENTÃO          T0         'Temporizador de atraso
 CONJUNTO    10s
   CONJUNT T26        'Reinício da contagem de deteção
   CONJUNT T22        Tempo de controlo
   CONJUNT C27        Contador de regulação da deteção de
 O                    água
```

PASSO 12

```
SE N          T2
ENTÃO                          O0.2 "Sinal de deteção de água
REINICIAR                    " "Interruptor de proximidade para rotação
IFI0        .4    O0.7    'Sinal de rotação
ENTÃO              O0.7 'Sinal de rotação
CONJUNTO                 'Sinal de paragem do PLC principal
OTHRW RESET        T30 'Paragem do ar para o temporizador do cilindro
IFI1        .0     JMP PARA 8
```

IF N T26 "Reposição da contagem de deteção
THEN SET T26 'Reinício da contagem de deteção

```
SETC27      Contador de regulação da deteção de
IFI0        .6        água
ANDI0       .1        Sinal de descarga
THEN SET O0.4 'Sinal de alarme de não descarga
SETO0       .6        'Sinal sonoro de alarme
JMP PARA 1
IFI0        .5        'Sinal de alimentação
E N O0.3              'Sinal de alarme do monitor de fugas
E N O0.4              'Sinal de alarme de não descarga
E N O0.5              'Alarme de teor de água anormal
E N O0.6              'Sinal sonoro de alarme
ENTÃO                 'Temporizador de atraso
SET
T0

PASSO 2
IFN         I0.5      'Sinal de alimentação
THEN RESET T0 'Temporizador de atraso
JMP TO 0
IFN         T26       'Reinício da contagem de deteção
THEN SET T26 'Reinício da contagem de deteção
SETC27      Contador de regulação da deteção de
IFI0        .4        água "Interruptor de proximidade para
THEN SET O0.7 'Sinal de rotação
OTHRW RESET O0.7 'Sinal de rotação
IFI1        .0        Sinal de paragem do PLC principal
THEN SET T30 'Parar o temporizador de ar para o cilindro
JMP PARA 8
IFI0        .5        'Sinal de alimentação
E N T0                'Temporizador de atraso
ANDI0       .0        LM Perda de pressão limite de alarme
THEN SET O0.3 'Sinal de alarme do monitor de fugas
SETO0       .6        Sinal sonoro de alarme
JMP PARA 5
IFI0        .5        'Sinal de alimentação
E N T0                'Temporizador de atraso
```

```
        E            I0.2        WD Queda de pressão limite de
      ENTÃO            O0.2         Sinal de deteção de água
        CONJUNT   T2
        COM          0.2s
        INC          C27         Contador de regulação da deteção de
JMP PARA 6
      IFI0           .5          'Sinal de alimentação
        E N T0                      'Temporizador de atraso
      ENTÃO               NOP

      PASSO
      3
      ENTÃO               RE          'Aguardar temporizador
      IF          N    I0.5        'Sinal de alimentação
      ENTÃO JMP TO 0
      IF          N    T26         'Reinício da contagem de deteção
      ENTÃO CONJ          T26         'Reinício da contagem de
        CONJUN    C27             Contador de regulação da deteção
      IF             I0.4        Interruptor de proximidade para
      ENTÃO CONJ          O0.7        Sinal de rotação
OTHRW RESET O0.7 'Sinal de rotação
      IF             I1.0        Sinal de paragem do PLC principal
      ENTÃO                         Temporizador de paragem de
      CONJUNTO                         ar para cilindro T30 'Stop
      IF           N T2
THEN RESET O0.2 'Sinal de deteção de água
      IF             I0.5        'Sinal de alimentação
        E            I0.0          LM Perda de pressão limite de
        OU           I0.2          WD Queda de pressão limite de
      ENTÃO               T1          'Aguardar temporizador
        COM          10s
```

PASSO 4

IF N I0.5 "Sinal de alimentação

THEN RESET T1 'Temporizador de retenção

JMP TO 0

```
SE N            T26         'Reinício da contagem
ENTÃO CONJUNTOT26          de deteção. 'Reinício da contagem de
    CONJUNTOC27                 deteção
IF              I0.4        Contador de regulação da deteção
ENTÃO CONJUNTO             de água "Interruptor de proximidade
OTHRW RESET                para rotação
IFI1            .0      O0.7 'Sinal de rotação
ENTÃO CONJUNTO          O0.7 'Sinal de rotação
    JMP PARA 8       T30  Sinal de paragem do PLC principal
                I0.5            'Parar o temporizador de ar
IF                I0.0      'Sinal de alimentação para o cilindro
    E               T1        LM Perda de pressão limite de alarme
    E                  O0.3    'Aguardar temporizador
ENTÃO           O0.6            Sinal de alarme do "Monitor de
                           fugas
CONJUNTO                    Sinal sonoro de alarme
    CONJUNT
O               I0.5        'Sinal de alimentação
    JMP TO 5      I0.2        WD Queda de pressão limite de
IF                T1        alarme
    E                  O0.2    'Aguardar temporizador
ENTÃO
    E           T2              Sinal de deteção de água
CONJUNTO          0.2s
    CONJUN        C27
TO                          Contador de regulação da deteção
    COM                     de água
    JMP TO 6
    INC
IF              I0.5        'Sinal de alimentação
    E       N     I0.0        LM Perda de pressão limite de
    E       N     I0.2      alarme
                       T1       WD Queda de pressão limite de
ENTÃO                       alarme
REINICIAR                       'Aguardar temporizador
    JMP PARA
3
PASSO
5
IFI0            .6 'Sinal de descarga
    ANDI0       .1          'Não Sinal de descida das RPM pré-
determinado
THEN SET O0.4 'Sinal de alarme de não descarga
    SETO0       .6          'Sinal sonoro de alarme
    JMP TO 0
```

IFI0 .7 'Reposição do sinal sonoro de alarme PB O0.6

ENTÃO 'Sinal sonoro de alarme

REINICIAR PB Reposição do alarme

IFI0 2 THEN RESET O0.3 'Sinal de alarme do monitor de fugas

RESETO0 .4 'Sinal de alarme de não descarga

RESETO0 .5 'Alarme de teor de água anormal

IFI1 .0 'Sinal de paragem do PLC principal

THEN SET T30 'Parar o temporizador de ar para o cilindro

JMP PARA 8

IF N I0.6 "Sinal de descarga

E N I0.5 "Sinal de alimentação

ENTÃO JMP PARA 0

PASSO 6

IFI1 .0 'Sinal de paragem do PLC principal

ENTÃO CONJUNTO T30 "Temporizador de paragem de ar no cilindro

JMP PARA 8

IF N T2

DEPOIS REPOR O0.2 Sinal de deteção de água

PASSO 61

IFI1 .0 Sinal de paragem do PLC principal

ENTÃO DEFINIR T30 'Parar o temporizador de ar

JMP PARA 8 para o cilindro

IFC27

E T22 Contador de regulação da deteção de

ENTÃO JMP PARA 7 água

IFC27 Tempo de controlo

E N T22

ENTÃO JMP PARA 5 Contador de regulação da deteção de

SE N C27

ANDT26 Contador de regulação da deteção de

ENTÃO DEFINIR O0.5 água

SETO0 .6 'Reinício da contagem de deteção

JMP PARA 5 Alarme de teor anormal de água

'Sinal sonoro de alarme

PASSO 7

IFI1 .0 'Sinal de paragem do PLC principal

THEN SET T30 'Parar o temporizador de ar para o cilindro

JMP PARA 8

IFI0 .6 'Sinal de descarga

ANDI0 .1 'Não Sinal de descida das RPM pré-determinado

THEN SET O0.4 'Sinal de alarme de não descarga

SETO0 .6 'Sinal sonoro de alarme

JMP TO 0

IFI0 .5 'Sinal de alimentação

ENTÃO JMP PARA 12

PASSO 8

ENTÃO DEFINIR O0.0 'Paragem de ar para o

RESETO0 .1 cilindro 'Alimentação de

RESETO0 .7 ar para o cilindro 'Sinal de

IF N T30 rotação

ENTÃO JMP PARA 0 'Parar o temporizador de ar

3. Diagrama dos elementos ligados no simulador (Fig.6).

Especificação:

1 - compressor de ar (6-8 bar).

2 - garrafa de ar comprimido.

3 - drenar manualmente o filtro de ar.

4 - válvula de redução de pressão.

5 - manómetro.

6 - Distribuidor 5/2 com comando elétrico para o piloto e o ar de alimentação para 10 e 16.

7 - Distribuidor 3/2 com interrutor de controlo manual.

9,11 - Distribuidor 3/2 com comando mecânico de rolos para a alimentação de ar a 12.

10 - cilindro de duplo efeito com pistão alternativo que simula a rotação da cuba.

12 - 5/2 distribuidor com comando de ar piloto actuando 10.

13,14,15 - Distribuidor 5/2 com elementos de comando de interrutor manual 17,18 e 19.

16 - cilindro pneumático de ação simples.

17,18,19 - cilindro pneumático de duplo efeito.

20, 21, 22, 23 - sensores capacitivos em vez de sensor de rotação, sensor de pressão na linha de circulação, sensor de rotação e sensor de pressão na saída de fluido limpo.

24,25,26 - Distribuidor 5/3 com comando elétrico e mola para a alimentação de ar de 27,28,29,30 e 31.

27,28,29,30,31 - cilindros pneumáticos de ação simples em vez de válvulas electromagnéticas SV1, SV2, SV3, SV4 e SV9.

32 - campainha activada com a introdução do sinal de alarme.

33 - luz para o sinal de paragem do eletromotor.

34 - lâmpada para o alarme de "contaminação elevada de água".

35 - lâmpada para o alarme "Taça não aberta".

36 - luz de alarme de "fuga de combustível".

37 - luz para indicação de "Descarga" do PLC principal.

38 - luz para indicação de "Admissão de combustível" do PLC principal.

39 - Premir o botão "Funcionamento automático".

40 - Premir o botão "Teste de descarga".

41 - Premir o botão "Paragem de emergência".

42 - Botão de pressão "STOP automático"

43 - Premir o botão "Reposição do alarme".

44 - Premir o botão "Reposição do alarme sonoro".

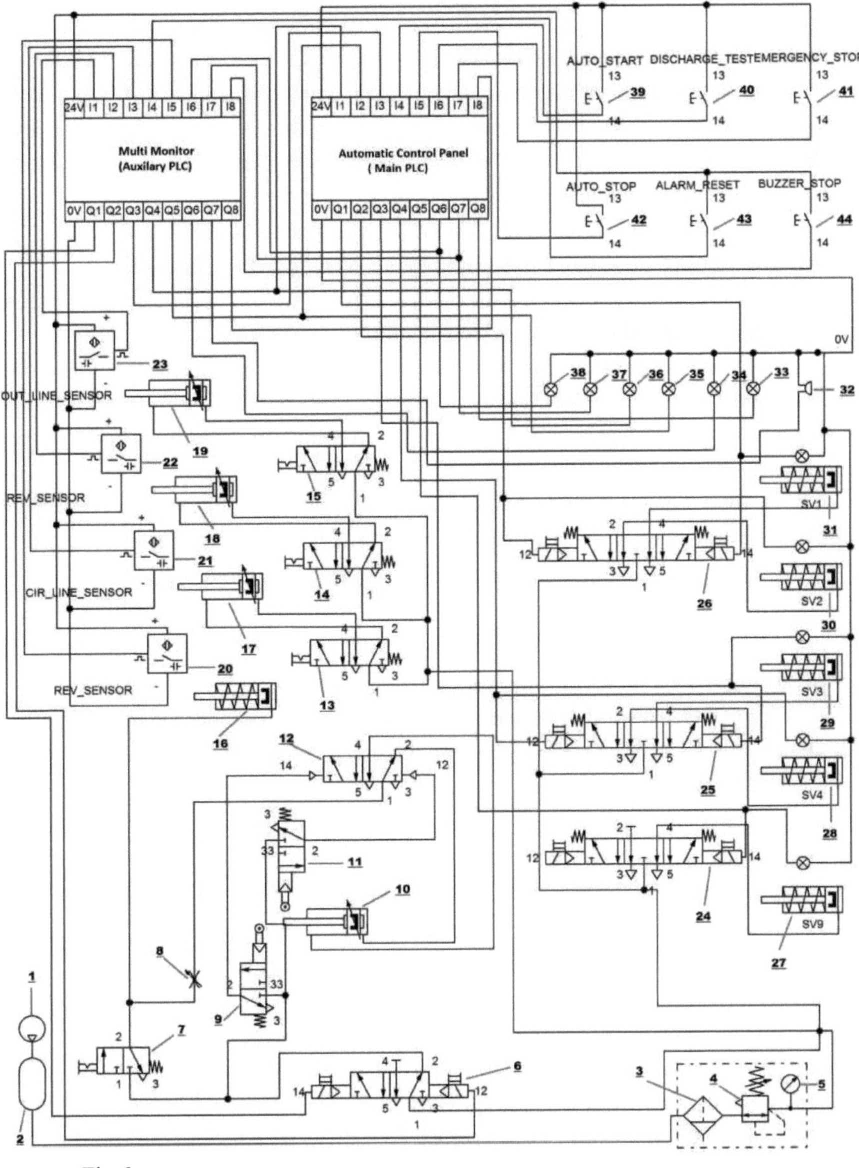

Fig.6

Diferenças entre objectos reais e simulados.

Recomendações para o desenvolvimento futuro.

1. Diferenças entre objectos reais e simulados.

Estas portas provêm principalmente das possibilidades do PLC. O PLC da Festo tem apenas portas de E/S binárias. Por conseguinte, os sensores de sinais analógicos são incompatíveis com o PLC. Na prática, os sensores de pressão, temperatura e rpm são do tipo analógico. Ao mesmo tempo, o número de portas de E/S é insuficiente.

É necessária a correção dos dados dos temporizadores e do contador no computador. No separador real, isto pode ser gerido a partir do painel de controlo.

Outra diferença surgiu dos elementos do esquema. A rotação do tambor é apresentada pelo movimento alternativo do cilindro.

Quando os alarmes aparecem, o sinal luminoso/sonoro também se acende e o sinal de paragem do cilindro é ativado. Depois de reposto o alarme, o cilindro 10 arranca de novo. Isto significa que o eletromotor real se reiniciará sozinho sem ativação do botão. Mas na realidade isto não acontece.

Os sensores capacitivos aqui utilizados não são transmissores de pressão ou de rpm, temos de ativar um alarme através de um botão de pressão e dos respectivos cilindros.

2. Recomendações.

- A rotação do tambor é apresentada como uma rotação real com um aumento suave da rmp até à velocidade nominal. .
- A ligação dos elementos deve ser adaptada de modo a que, quando o alarme é reposto, o distribuidor 7 volte ao estado inicial e o cilindro 10 seja desativado.

REFERÊNCIAS

1. Informações sobre caldeiras, http://www.steamesteem.com.
2. Tipos de caldeiras, construção e automatização, http://www.boilerroom.com.
3. Informações sobre o queimador da caldeira, http://www.zeinco.com/
4. Uma introdução à programação de listas de instruções, Festo. Revisto em 1999.
5. Manual do utilizador da caldeira KangRim
6. Manual do utilizador do Mitsubishi Selfjector Genius-Series.
7. Manuais de utilização do purificador centrífugo Alfa Laval das séries S e P.
8. Manuais de utilizador do purificador centrífugo Westfalia Separator, séries OSC e ESC.
9. Manual de instruções da Festo FEC, Compact.
10. Informações sobre o PLC, http://. www.plcs.net -
11. Vasilev M.N, Utilização do simulador FESTO para sistemas marítimos, Trans&Motauto 2015, Varna

Printed by Books on Demand GmbH, Norderstedt / Germany